ASSOCIATION FRANÇAISE
pour le Développement des Travaux Publics
Constituée conformément à la loi de 1901

4ᵉ CONGRÈS NATIONAL DES TRAVAUX PUBLICS FRANÇAIS

à PARIS, les 18, 19 & 20 Novembre 1912

1ʳᵉ SECTION

LE HAVRE - PORT D'ESCALE

PAR

M. Pierre LAPORTE

Docteur en droit, Secrétaire adjoint de la Chambre de Commerce du Havre

Note sur la CRÉATION d'une RADE-ABRI au HAVRE

PAR

M. BOULLE

Ingénieur en Chef des Ponts et Chaussées

NOTE SUR LE PORT DU HAVRE

PAR

M. GROSLOUS

Ingénieur en Chef Conseil de la Compagnie Générale Transatlantique

SIÈGE SOCIAL

EN L'HOTEL DES INGÉNIEURS CIVILS

19, Rue Blanche, 19

SECRÉTARIAT ADMINISTRATIF

35, Rue Le Peletier, 35

PARIS

ASSOCIATION FRANÇAISE
POUR LE DÉVELOPPEMENT DES TRAVAUX PUBLICS

Constituée conformément à la loi de 1901

Président

M. Ch. PREVET, ancien Sénateur.

Vice-Présidents

M. BAUDIN, Ancien Ministre des Travaux publics.

M. GROSELIER, ancien Président du Syndicat professionnel des Entrepreneurs de Travaux Publics de France.

M. MILLERAND, Ministre de la Guerre, ancien Ministre du Commerce et des Travaux Publics

M. BERTIN, membre de l'Académie des Sciences.

Secrétaire général

M. J. HERSENT, Entrepreneur de Travaux maritimes.

Secrétaire trésorier

M. E. BOURDONNAY, Directeur du *Journal des Travaux publics*.

Secrétaire

M. GALLOTTI, Ingénieur civil.

Rapporteur général

M. le Lieutenant-Colonel ESPITALLIER.

1re section : Ports

M. MAURY, Ingénieur civil, Président.

M. QUELLENEC, Ingénieur en chef des Ponts-et-Chaussées, Vice-Président.

2e section : Voies navigables

M. MALLET, Ingénieur civil, Président.

M. ALBY, Ingénieur en chef des Ponts-et-Chaussées, Vice-Président.

3e section : Chemins de Fer et Voies de Communication

M. DUPORTAL, Président, Inspecteur Général des Ponts et Chaussées en retraite.

M. BARBET, Ingénieur civil, Vice-Président.

4e section : Utilisation des Eaux et Hygiène

M. DUMONT, ancien Président de la Société des Ingénieurs Civils, Président.

M. CHARDON, Ingénieur civil, Vice-Président.

5e section : Entreprises d'utilité publique

M. SIBILLE, Député, Président.

M. le Comte d'Agoult, Vice-Président, ancien Député.

LE HAVRE - PORT D'ESCALE

Par M. Pierre LAPORTE

Docteur en droit. Secrétaire adjoint de la Chambre de Commerce du Havre

Des publicistes, des économistes se sont élevés avec une indignation passionnée contre le droit d'escale accordé aux paquebots étrangers dans les ports français.

Dans son éloquent ouvrage intitulé « La Crise Maritime », M. Marcel Dubois a dénoncé, à maintes reprises, comme un « fléau majeur » la persistance dans notre pays de « ce dernier point d'hon« neur libre-échangiste qu'on appelle diplomatie du laissez-faire, « laissez-aller maritime » (1).

Pour lui, « si les bâtiments étrangers exportent 50 % de nos « produits, c'est que le pavillon étranger est trop facilement autorisé « à faire la cueillette dans nos ports » (2) et il n'hésite pas à comparer les navires étrangers qui viennent faire escale chez nous à des engins meurtriers dirigés contre la patrie.

Aussi, blâme-t-il sévèrement « cette bizarre disposition d'esprit « de certains statisticiens qui estiment qu'un port est utile et pros« père dès le moment où l'on y constate le passage d'un grand nom« bre de navires, qu'ils soient d'ailleurs français ou étrangers. Cette « manière d'additionner deux armées qui vont se battre, ajoute-t-il, « est tout à fait amusante : ce serait celle d'un historien considérant « que la présence des armées alliées sur le territoire français en 1814 « et en 1815 fut une des preuves de la prospérité de la France. « Estime-t-on qu'une maison est d'autant mieux protégée que devant « son perron, le maître de la maison est en train de se battre avec « quelqu'un qui veut le déposséder et que cela prouve la présence de « deux hommes au lieu d'un? Mais on n'est pas habitué à ces minu« ties de raisonnement en statistique... » (3).

M. Marcel Dubois déplore ailleurs que « quelques économistes « et hommes d'affaires se soient attachés à susciter le mouvement «dans nos ports avec le secours des marines étrangères » (4).

---

(1) La Crise Maritime. p. 376.
(2) Op. cit. p. 345.
(3) Op. cit. p. 18.
(4) Op. cit. p. 203.

Et à ceux qui se réjouissent de la présence de nombreux navires étrangers dans nos ports, il rappelle « cette réflexion élémentaire que « ce sont là des oiseaux de passage et même de proie » (1).

Quant à nos Chambres de Commerce maritimes qui, guidées par le souci d'équilibrer leurs budgets, font bon accueil à tous les navires qui fréquentent leurs ports, M. Marcel Dubois les blâme rudement de se contenter du rôle trop modeste, humiliant même, de « percepteurs sur le pavillon étranger » (2).

Une condamnation aussi catégorique du droit d'escale nous paraît inadmissible.

Certes, il faut souhaiter que tous les transports de marchandises en provenance ou à destination de notre pays s'effectuent sous le pavillon national; mais puisque, pour des raisons complexes, l'armement français est actuellement impuissant à faire face à tous les besoins de nos importateurs et de nos exportateurs, laissons à ceux-ci la faculté de recourir à d'autres entrepreneurs de transport. Leur supprimer cette faculté, ce serait d'une façon certaine entraver le développement de l'activité économique nationale sans aucun profit pour la marine marchande de notre pays.

Cette réserve étant faite, nous n'éprouvons aucun embarras à constater que le droit d'escale, tel qu'il est aujourd'hui exercé par les navires étrangers dans les ports français, donne, sur certains points, des résultats choquants.

On sait les profits que les marines étrangères retirent de leurs escales à Cherbourg. Elles y bénéficient gratuitement des travaux d'endiguement onéreux grâce auxquels on est parvenu à transformer en rade abritée une rade que la nature avait ouverte à tous les vents de l'Est-Nord-Est à l'Ouest-Nord-Ouest en passant par le Nord.

C'est après le désastre maritime de la Hougue qu'on reconnut la nécessité de créer à Cherbourg un vaste abri destiné à servir, le cas échéant, de refuge aux flottes militaires. Vauban, chargé de rédiger un projet, proposa, en 1686, d'enraciner à la pointe du Homet, une jetée de 400 mètres de longueur: à l'Ile Pelée, une autre jetée de 1 200 mètres; entre ces deux jetées devait exister une passe de 1 800 mètres.

Le projet de Vauban, qui reçut un commencement d'exécution à partir de 1738, fut ensuite abandonné.

---

(1) Op. cit. p. 296.
(2) Op. cit. p. 297.

C'est seulement en 1783 qu'on commença la construction de la digue actuelle située entre l'Ile Pelée et la pointe de Querqueville (1).

Cet ouvrage fut achevé en 1853 et on évalue son coût à 70 millions. Exécuté de nos jours, un pareil ouvrage eût entraîné une dépense double en raison de l'augmentation du prix des matériaux et de la main-d'œuvre, et si les collectivités intéressées (Ville, commerce maritime) avaient contribué à sa construction dans la proportion ordinaire, des péages extrèmement élevés, nécessités par le service des emprunts, pèseraient sur les navires faisant leurs opérations en rade. Mais cette digue ayant été construite exclusivement dans l'intérêt de la défense nationale, le budget militaire de l'Etat fut seul à en supporter la dépense. C'est pourquoi les paquebots anglais, américains, allemands, bénéficiant d'un privilège exorbitant, peuvent aujourd'hui transborder gratuitement leurs passagers dans la rade militaire de Cherbourg.

Avec M. Marcel Dubois, nous pouvons nous demander : « c'est « donc pour la prospérité de la marine allemande que Vauban, pour « qui on inventa le terme de patriote, conçut le plan de la grande « jetée? » (2) (3).

A Boulogne, la situation faite à la navigation étrangère mérite également d'être signalée.

Le mouillage abrité par la digue Carnot longue de 2420 mètres (actuellement en cours de prolongement sur une longueur de 400 mètres) ne sert qu'aux opérations de compagnies hollandaises ou allemandes. Mais il ne faut pas oublier que la Chambre de Commerce de Boulogne a contribué largement, dans une proportion qui a atteint parfois 76 % de la dépense, à l'exécution des travaux d'aménagement de ce port; en retour elle a été autorisée (4) à percevoir des taxes de péage sur les navires et sur les passagers; le rendement de ces taxes a atteint, en 1910, 1 163 051 fr. 93 (5).

Si la suppression ou la limitation du droit d'escale, préconisée par M. Marcel Dubois, n'était déjà rendue impossible par les conven-

---

(1) L'ancienne digue mesure 3800 m.; elle est complétée à l'Ouest par une digue de 1150 mètres s'enraçinant au fort de Querqueville et se dirigeant vers le musoir Ouest de la digue centrale, et à l'Est, par une digue de 1600 m. partant de la batterie des Grèves pour aboutir, par une courbe assez accentuée à l'Ile Pelée.

(2) La Crise Maritime p. 282.

(3) Cinq appontements ayant été construits dans l'avant port de Cherbourg, le long du quai du vieil arsenal, en vue de faciliter l'accostage des tenders, la Chambre de Commerce a fourni les fonds nécessaires à l'exécution de ces travaux dont le coût s'est élevé à 350 000 frs. (décrets du 23 Nov. 1902 et du 25 Nov. 1908). Cette contribution a nécessité la mise en vigueur de péages, d'un taux peu élevé, ayant pour bases le tonneau de jauge nette légale et le nombre des passagers (décret du 10 Décembre 1902). Le montant total de ces perceptions a été en 1910 de 81 619 frs. De plus, la Chambre de Commerce perçoit depuis le 1er Juillet 1905, en vertu du décret du 21 Mars 1908, des taxes également très modérées pour usage des tentes, hangars et magasins installés sur les appontements.

(4) Par les lois des 4 Décembre 1888 et 20 Juillet 1900, les décrets des 9 Juillet 1889 et 12 Juillet 1894.

(5) Cette perception qui ne provient pas seulement de la navigation transatlantique se répartit ainsi : droit de tonnage : 555 573 fr. 24 ; taxe de capitation : 607 478 fr. 60.

tions diplomatiques en vigueur qui consacrent le principe univer-
sellement admis de l'assimilation des pavillons, on ne pourrait
cependant interdire l'entrée du port de Boulogne aux navires étrangers. Un Gouvernement, un Parlement oserait-il, en privant de vive
force un port de sa clientèle maritime, mettre la Chambre de Commerce de ce port dans l'impossibilité de tenir ses engagements finan-
ciers?

En 1873, M. Thiers dut faire supprimer la surtaxe de pavillon
dont il avait obtenu le rétablissement l'année précédente (loi du 30
Janvier 1872). Aujourd'hui comme alors, des mesures prohibitives
soulèveraient de la part des Gouvernements étrangers des protesta-
tions devant lesquelles il faudrait encore s'incliner.

Il est un moyen plus efficace de remédier à ce qu'on a appelé
« les abus du droit d'escale ». C'est en favorisant le passage des navires étrangers dans les ports français qui, réunissant les conditions
requises pour être choisis comme escales, sont, en outre, le siège de
marchés et d'entrepôts, le centre d'affaires actives, le point d'aboutis-
sement de courants commerciaux.

Au point de vue économique, Cherbourg ne vaut que par les
escales des lignes transatlantiques étrangères.

Boulogne est à la fois port de pêche, port de transit entre la
France et l'Angleterre et port d'escale, mais cette dernière fonction
est absolument distincte des deux autres.

Aussi à Cherbourg comme à Boulogne, le trafic offert aux navires
de passage est-il essentiellement un trafic d'appoint. Ils y embarquent
ou y débarquent un nombre plus ou moins grand de passagers de
luxe. Mais ce n'est ni à Cherbourg, ni à Boulogne qu'ils trouvent
ou apportent les divers éléments de leur chargement, ni le contingent
d'émigrants et de passagers de classes inférieures sans lequel l'exploitation d'une ligne de navigation deviendrait impossible.

A cause de leur spécialisation excessive, ces ports ne sont susceptibles que de fournir un trafic complémentaire, et cela suffit
d'ailleurs à en faire des ports d'escale actifs pour le plus grand profit
des seules lignes étrangères.

Les escales effectuées dans un port commercial à économie com-
plexe, à fonctions multiples, comme le Havre, aboutissent à un autre
résultat.

Elles amplifient les courants commerciaux qui y sont déjà créés;
elles permettent de diriger vers ce port des expéditions qui auraient

pris d'autres voies, notamment celle d'Anvers, et quand le transit dont elles ont provoqué l'éclosion ou favorisé le développement est suffisamment dense, l'armement national se l'annexe en quelque sorte pour en faire l'aliment de nouvelles lignes de navigation.

On remarque, en effet, dans tous les pays, que les expéditeurs s'adressent de préférence aux armateurs de leur nationalité quand ceux-ci leur font des conditions de transport analogues à celles de leurs concurrents.

Ainsi au Havre où le pavillon étranger entre pour une large part dans le mouvement de la navigation, alors que 77 % environ du nombre des navires sortis (représentant 63 % du tonnage) battent pavillon étranger, il y a seulement 25 % du total des marchandises exportées qui échappent aux compagnies françaises (1).

On sait que la Compagnie Générale Transatlantique a fait preuve, pendant ces dernières années, d'esprit d'initiative et que ne se contentant pas de renouveler son matériel naval, elle a procédé à l'établissement de nouveaux services de navigation dont la plupart ont leur port d'attache au Havre.

Si l'on recherche les circonstances qui ont favorisé le succès de ces entreprises, il faut citer en premier lieu les escales des compagnies étrangères.

C'est ainsi que la Compagnie anglaise Allan qui, depuis 1905, a inscrit l'escale du Havre dans l'itinéraire de sa ligne bi-mensuelle de Londres au Canada et inversement, a contribué très efficacement au développement des relations commerciales franco-canadiennes; elle a ainsi préparé la voie à la Compagnie Générale Transatlantique qui a inauguré cette année un service, fonctionnant toutes les quatre semaines, de Dunkerque et du Havre à Québec.

Il y a environ vingt-cinq ans et en 1901, on tenta vainement de créer un service maritime franco-canadien sous pavillon français; si l'essai de la Compagnie Générale Transatlantique paraît aujourd'hui moins aléatoire, on le doit, il faut bien le reconnaître, au passage dans le port du Havre des paquebots mixtes de la Compagnie Allan.

C'est encore en se substituant à des lignes étrangères, ou en les concurrençant, que la Compagnie Générale Transatlantique est parvenue, dans ces dernières années, à développer notablement ses services sur New-York, assurés désormais par deux lignes hebdomadaires de paquebots rapides et de paquebots mixtes (au départ du

---

(1) Ces chiffres s'appliquent à l'année 1911 ; ceux des années précédentes n'en diffèrent pas sensiblement.

Havre) et par une ligne mensuelle de paquebots mixtes (au départ de Bordeaux) alors qu'il y a dix ans ces services ne comprenaient qu'une seule ligne hebdomadaire.

L'établissement de deux nouveaux services sur la Nouvelle-Orléans a été rendu possible par les mêmes circonstances.

Les navires étrangers ne doivent donc pas être systématiquement repoussés de notre littoral.

Mais il faut les attirer dans les ports où leurs passages répétés sont susceptibles de déterminer une expansion commerciale suffisante pour que l'armement national puisse ensuite en bénéficier.

Il importe de pratiquer en France une politique maritime nettement définie; cette politique ne devra pas méconnaître le classement *naturel en série* des diverses organisations économiques qu'il s'agit de développer.

Les ports de commerce, la marine marchande, les chantiers de constructions navales, tels sont les facteurs de la prospérité maritime du pays; mais n'oublions pas que l'activité de l'un procède de l'autre dans l'ordre suivant : les courants commerciaux aboutissant à un port, à mesure qu'ils augmentent leur intensité, deviennent de plus en plus aptes à favoriser le pavillon national et, suivant la parole de Dupuy de Lôme, quand un pays possède une marine marchande prospère, il ne tarde pas à avoir des chantiers de constructions actifs.

La contradiction qui se manifeste, à l'occasion du droit d'escale, entre les intérêts de l'armement national et ceux des ports de commerce est analogue à celle qui se révèle parfois, surtout lors de l'élaboration des lois de primes, entre les intérêts des armateurs et ceux des constructeurs.

Pour dissiper ces contradictions, purement apparentes, il suffit de dégager l'ordre naturel de succession des phénomènes économiques et de s'y conformer.

Quant à la question de savoir quel est le port français de la Manche qui devra être aménagé supérieurement en vue de la navigation d'escales, elle est désormais facile à résoudre.

Au lieu d'encourager les efforts isolés et divergents, ou de s'en désintéresser, il faut, *dans l'intérêt national*, tirer le meilleur parti du port du Havre; les escales des lignes étrangères y produisent ce résultat, qui ne se répète pas ailleurs, de faire bénéficier la marine marchande française de nouveaux éléments de trafic, qu'il s'agisse du transport des passagers ou du transport des marchandises.

D'autre part, les taxes perçues dans ce port sur la navigation étrangère permettraient de le tenir à la hauteur des progrès de l'architecture navale; ne contribuerait-on pas encore de cette manière à la prospérité de l'armement national?

AVANTAGES DU HAVRE COMME PORT D'ESCALE.

Les distances du Havre, de Boulogne, de Cherbourg, de Brest à New-York sont les suivantes :

Du Havre à New-York, 3 130 milles;

De Boulogne à New-York, 3 190 milles (60 milles en faveur du Havre).

De Cherbourg à New-York, 3 066 milles (64 milles en faveur de Cherbourg par rapport au Havre);

De Brest à New-York 2 954 milles (176 milles en faveur de Brest par rapport au Havre).

Comme presque tous les passagers des lignes d'Amérique viennent de Paris ou y vont, il est intéressant d'indiquer à quelle distance de cette ville se trouvent les ports cités plus haut :

Du Havre à Paris, 228 km.;

De Boulogne à Paris, 255 km. (27 km. en faveur du Havre).

De Cherbourg à Paris, 371 km. (143 km. en faveur du Havre).

De Brest à Paris, 624 km. (396 km. en faveur du Havre).

Par conséquent, le Havre a sur Boulogne les deux avantages suivants : il est plus près de New-York de 60 milles et plus près de Paris de 27 kilomètres.

Le Havre l'emporte sur Cherbourg pour les relations avec Paris de 143 kilomètres; ce qui représente d'après l'horaire des trains les plus rapides du service d'été 1912, un gain de 3 heures 13 minutes (du Havre à Paris : 2 h. 56; de Cherbourg à Paris : 6 h. 9); mais le Havre étant plus éloigné de New-York de 64 milles, cette plus grande distance augmente le parcours maritime de 2 h. 35 (à la vitesse de

25 nœuds). D'où, en définitive, un gain pour le Havre de dix-sept minutes (1).

Enfin, la situation se présente de la façon suivante par rapport à Brest :

A l'actif de Brest, 176 milles en moins, soit 7 heures 8 minutes (à 25 nœuds).

A l'actif du Havre, 396 kilomètres en moins, soit 7 heures 31 minutes;

D'où pour le Havre, un gain définitif de 29 minutes.

Les calculs des partisans de Brest-Transatlantique ne concordent pas avec ceux qui précèdent (2).

Ils fixent à 3 heures le trajet en chemin de fer du Havre à Paris alors qu'il est de 2 h. 56 (3).

Ils considèrent comme réalisée l'appropriation de la voie Brest-Paris, alors qu'à ma connaissance cette appropriation est très vaguement projetée; ils peuvent ainsi limiter à 8 heures le trajet par chemin de fer (au lieu de 10 h. 25 comme l'indique l'horaire du service d'été 1912 pour les trains les plus rapides).

D'autre part, ils font couvrir les 176 milles (compris dans le parcours New-York-le Havre) par un paquebot ne filant que 20 nœuds.

Ils arrivent ainsi à faire ressortir une différence de 3 heures 45 minutes au profit de Brest, pour le parcours total New-York-Paris.

Les partisans de Brest-Transatlantique prétendent — et c'est le principal argument en faveur de leur port — que les passagers souhaitent avant tout passer en mer le moins de temps possible.

Il nous faut convenir qu'en effet les passagers apprécient les parcours maritimes très réduits, mais leur choix d'une ligne de navigation est également influencé par d'autres considérations.

----

(1) Parce que le Havre est à 3.130 milles de New-York et Cherbourg à 3.066 milles, il ne s'ensuit pas que les navires faisant escales au Havre au lieu de Cherbourg aient toujours à couvrir 64 milles en plus. Il y a 3.501 milles de Brême à New-York. Ainsi la distance de Brême à Cherbourg est de 527 milles et celle de Cherbourg à New-York 3.066 milles; un navire partant de Brême et faisant escale à Cherbourg aura donc à couvrir 3.501 milles. Comme la distance de Brême au Havre est de 487 milles et celle du Havre à New-York 3.130 milles un navire partant de Brême et faisant escale au Havre aura à couvrir 3.617 milles, soit seulement 26 milles en plus s'il choisit le Havre comme escale au lieu de Cherbourg. De Hambourg à New-York la distance est de 3.455 milles; de Hambourg à Cherbourg, 517 milles; de Cherbourg à New-York 3.066 milles; de Hambourg au Havre 512 milles; du Havre à New-York 3.130 milles; au total de 3.642 milles, soit 29 milles en plus.

(2) Voir Nouvelle Revue du 1er Juillet 1910.

(3) D'après l'horaire du service d'été 1912, ce qui représente une vitesse moyenne de 75 kilomètres à l'heure; l'allure des trains transatlantiques est plus souvent rapide. De plus, la seconde voie ferrée Havre-Paris dont le projet approuvé par le Conseil Général des Ponts et Chaussées est actuellement soumis au Parlement, réalisera une économie de 10 kilomètres sur la voie ancienne. Ajoutons que lorsque les importants travaux de réfection en cours sur la voie actuelle seront terminés, on pourra réduire la durée du trajet à 2 h. 45, comme il y a 2 ans et même à 2 h. 36.

La preuve en est que, pour les relations entre la France et l'Angleterre, la ligne de Boulogne à Folkestone est plus fréquentée que celle de Calais à Douvres quoique la première comporte un trajet maritime sensiblement plus long (1).

D'ailleurs, un raccourcissement de la traversée de 2 h. 35 m. à l'actif de Cherbourg, de 7 heures 2 minutes au profit de Brest compte peu quand il s'agit de voyages maritimes d'une durée de 5 jours et demi à 6 jours et n'entre plus en ligne de compte dans les voyages de plusieurs semaines.

La proximité de Paris constitue pour Le Havre un avantage qui compense amplement l'inconvénient d'une traversée un peu plus longue entre l'Europe et l'Amérique.

Les paquebots de la Compagnie Générale Transatlantique appareillent chaque samedi, à destination de New-York, à 1 heure ou à 5 heures du soir. Les trains spéciaux mis à la disposition des passagers partent donc de la gare Saint-Lazare à une heure commode et les voyageurs peuvent ainsi, jusqu'à la dernière minute, jouir de leur séjour dans la capitale. Les trains spéciaux les conduisent directement (avec un seul arrêt à Rouen) à l'embarcadère des paquebots. Cet embarcadère, que ce soit la tente du bassin de l'Eure ou la gare maritime du quai de marée, est aménagé avec le souci le plus strict du confort et de l'élégance.

Notamment, la gare maritime du quai de marée, construite par la Chambre de Commerce, est un modèle du genre. Fréquemment utilisée par la Compagnie Générale Transatlantique, elle est plus spécialement destinée à la navigation d'escales.

On s'est efforcé d'y réduire au minimum le déplacement que les passagers doivent s'imposer pour passer du train dans le paquebot et inversement.

La sélection entre les passagers de cabine, émigrants, bagages, y est réalisée sans la moindre confusion.

L'embarquement et le débarquement des passagers se font au moyen de portiques perfectionnés qui rendent ces opérations toujours aisées quelle que soit l'heure de la marée.

Les salles de la gare maritime sont dotées du chauffage central, éclairées à l'électricité, reliées aux réseaux télégraphique et téléphonique.

---

(1) Passagers transportés en 1911 :
    De Douvres à Calais. 175 694)
    De Calais à Douvres. 187 737 (363 431
    De Folkestone à Boulogne . . 199 688)
    De Boulogne à Folkestone . . 206 187) 405 875

Au contraire, à Cherbourg comme à Boulogne, les passagers doivent éprouver tous les inconvénients d'un transbordement en rade.

Il est vrai que des vapeurs spécialement aménagés, des « tenders » sont affectés à ce service; cependant ce transbordement est fort désagréable pour les passagers, surtout les jours de mauvais temps, et comme il exige une heure, la durée du voyage Paris-New-York doit être, par Boulogne, et par Cherbourg, augmentée en conséquence. Les calculs auxquels nous avons procédé plus haut doivent donc être rectifiés, en accentuant encore les avantages du port du Havre.

Que ces avantages soient appréciés des voyageurs, il est facile d'en fournir une preuve.

Les statistiques américaines, citées par *The Shipping Gazette* du 17 janvier dernier, nous apprennent qu'en 1911 le chiffre des passagers de 1re classe débarqués à New-York a été de 149 173 contre 146 027 en 1910. L'augmentation a donc été de 3 146 et trois compagnies de navigation seulement en ont bénéficié : la White Star, la Compagnie Hollandaise-Américaine et la Compagnie Générale Transatlantique.

Or, en 1911, la Compagnie Générale Transatlantique n'a mis en exploitation aucun nouveau paquebot rapide susceptible d'attirer la clientèle de luxe; elle a assuré son service avec des paquebots déjà anciens : « Lorraine », Savoie », « Provence ». Malgré ces conditions désavantageuses, elle a amené à New-York un plus grand nombre de passagers de 1re classe, et l'on en peut conclure que les facilités du port du Havre ont contribué, dans une large mesure, à ce résultat.

Les passagers transitant par le Havre, au retour ou à destination de Paris, bénéficient, en raison de la plus faible distance par chemin de fer, d'une réduction assez sensible dans les prix de transport.

Cette réduction est de 19 francs en 1re classe et de 10 fr. 80 en 2e classe.

Pour les émigrants venant de Bâle au Havre en 3e classe, la différence atteint 20 fr. 20 (le prix du billet est de 20 francs de Bâle au Havre d'après le tarif spécial commun G. V. n° 207 applicable aux émigrants voyageant en groupe de 30 au minimum, au lieu de 40 fr. 20 de Bâle à Cherbourg.

Les prix des transports par voie ferrée sont également, par rapport au Havre, plus élevés, mais dans une proportion moindre, à destination ou en provenance de Boulogne (1).

Pour clore la liste des avantages du port du Havre, mentionnons la sécurité de ses accès, la facilité de ses atterrissages.

Cherbourg, comme Boulogne, offrent, il est vrai, des garanties égales.

Il n'en est pas de même de Brest, ou du moins sa réputation à ce point de vue laisse fortement à désirer. Un port passe-t-il à tort ou à raison, pour dangereux, il cesse d'être qualifié pour la fonction de port d'attache ou d'escale de lignes de navigation rapides. Si une Compagnie était tentée de négliger cette objection, sa clientèle, renseignée par les entreprises concurrentes, se chargerait de lui démontrer sans retard son erreur.

Pourquoi Le Havre n'est-il dès aujourd'hui un port d'escale plus actif?

De nombreuses compagnies étrangères utilisent Le Havre comme port d'escale; ainsi les paquebots de la *Hamburg Amerika* touchent dans ce port à l'aller et au retour de leurs voyages du Mexique, des Antilles et d'Extrême-Orient. La même Compagnie, dans ses voyages combinés avec la *Hamburg Sudamerikanische* sur le Brésil méridional et Para, fait encore escale au Havre: il en est de même pour son service organisé de concert avec la Compagnie *Kosmos* sur les ports de la Côte occidentale de l'Amérique (San Francisco, Callao, Iquique, Valparaiso).

Parmi les lignes anglaises faisant escale au Havre, il faut citer l'*Allan Line* (service franco-canadien), la *Booth Line* (Madère, Para, Manaos).

Il est d'autres compagnies étrangères, de diverses nationalités, dont les navires fréquentent le port du Havre (2).

Cependant, le Havre n'est point, comme il devrait l'être, le principal port d'embarquement et de débarquement des passagers et émigrants à destination ou en provenance des Etats-Unis d'Amérique.

Depuis le 19 janvier 1899, la Compagnie Hambourgeoise Américaine ne fait plus toucher au Havre ses paquebots de la ligne de New-

---

(1) Pour les relations entre les Etats-Unis et la Belgique, le Havre est beaucoup mieux situé que Cherbourg et surtout que Brest. La distance du Havre à Bruxelles par Amiens est de 413 kilomètres qui pourraient être parcourus en 6 heures. De Cherbourg à Bruxelles il y a 681 kilomètres et de Brest à Bruxelles 931 kilomètres ; avec ces deux derniers trajets, on est obligé de traverser Paris.

(2) Dans ces statistiques concernant le port du Havre, la Douane compte, dans la navigation d'escale aux entrées, 301 navires jaugeant 673 061 tonneaux et aux sorties 353 navires jaugeant 850 655 tonneaux, mais la Douane entend par navires d'escale, aux entrées, ceux qui ont déjà touché un port français à destination d'un autre port français, et aux sorties, ceux quittant un port français à destination d'un autre port français. Ce n'est pas de cette navigation d'escales qu'il s'agit dans cette étude.

York: elle préfère l'escale de Cherbourg qui a été également adoptée par d'autres compagnies étrangères : le *Norddeutscher Lloyd*, la *White Star*, l'*American Line*, c'est-à-dire par les principales Compagnies étrangères qui desservent le Nord-Amérique.

La Royal Mail prend et débarque également à Cherbourg des passagers (lignes des Antilles et de Buenos-Ayres). La *Booth Line* touche dans ce même port au retour de Para.

Quant à l'escale de Boulogne, elle est utilisée par les Compagnies transatlantiques suivantes :

Compagnie Néerlando-Américaine (ligne de Rotterdam à New-York);

Compagnie Hambourgeoise Américaine (ligne de Hambourg à New-York, à Philadelphie et au Brésil);

Koninglijke Néerlandsche Lloyd (ligne d'Amsterdam à Buenos-Ayres);

Woerman Linie (ligne de Hambourg à la Côte occidentale d'Afrique);

Norddeutscher Lloyd (lignes de Bremerhaven à New-York et à Baltimore).

Pourquoi ces Compagnies — ou la plupart d'entre elles — ne font-elles pas escale au Havre qui jouit pourtant, à divers points de vue, d'une supériorité incontestable sur Cherbourg et Boulogne?

Pour deux raisons :

1° A cause de l'insuffisance actuelle des dragages dans le chenal extérieur et l'avant-port du Havre;

2° A cause du taux prohibitif des taxes de pilotage, perçues au Havre.

A Cherbourg, les paquebots du plus fort tirant d'eau peuvent pénétrer à toute heure dans la rade, ils y trouvent, aux plus basses mers, des fonds de 12 à 13 mètres.

A Boulogne, le mouillage des transatlantiques, abrité des vents d'ouest par la digue Carnot, offre 10 m. 50 d'eau à basse mer de vive eau ordinaire; le chenal d'accès est dragué à la cote (— 10) (1).

La profondeur de la rade de Brest atteint 15 mètres et on doit doter le port de commerce d'un quai de 267 m. 50 de longueur (2) en

---

(1) Ces renseignements sont extraits de la notice publiée par la Chambre de Commerce de Boulogne (1912). Cette notice a été rédigée par MM. Voisin, Ingénieur en chef et Delmotte, Ingénieur des Ponts et Chaussées.

(2) Cette longueur correspond à celle d'un seul paquebot.

avant duquel sera aménagée une souille de (— 12 m.). Le projet de loi relatif à la construction de ce quai a été présenté à la Chambre des députés le 7 novembre 1911, il n'a pas encore été discuté. Des dragages seront nécessaires pour rendre ce quai accessible aux navires de fort tirant d'eau entrés en rade.

Au Havre, un quai de marée, long de 500 mètres, est à la disposition de la navigation transatlantique; ce quai possède sur toute sa longueur, une souille creusée à la cote (— 9), mais le chenal par lequel on accède à ce quai n'est dragué qu'à la cote (— 6). Cette cote a été obtenue dans le courant de 1912; précédemment, l'approfondissement n'était que de (— 4.50).

Au Havre, les niveaux les plus intéressants des marées, rapportés au zéro des cartes marines sont les suivants :

		Profondeur utilisable avec les dragages à la cote (—6)
Pleines mers de vive eau d'équinoxe.........	(8 15)	(14 15)
Pleines mers de marées moyennes de vive eau.	(7 68)	(13 68)
Pleines mers de marées moyennes de morte eau	(6 45)	(12 45)
Plus basses pleines mers de morte eau.......	(5 85)	(11 85)

Avec la cote (— 6), les plus grands navires disposent d'une profondeur suffisante pour accéder au quai de marée ou dans les bassins du Havre pendant la durée de la pleine mer — et même plus longtemps — et on sait que par suite d'un phénomène exceptionnel, le niveau de la mer demeure, au Havre, voisin de son maximum pendant trois heures (1)

Mais c'est à toute heure qu'un port transatlantique doit être accessible aux plus grands navires et il est regrettable qu'un paquebot de 8 m. 40 de tirant d'eau comme « La Provence » ne puisse venir accoster au quai de marée, à l'époque des faibles pleines mers de morte-eau et à celle des marées moyennes, que pendant 16 heures sur 24, à l'époque des marées de grande vive eau que pendant 14 heures (2)

D'où nécessité, si le paquebot arrive trop tard sur rade, de débarquer les passagers sur un remorqueur et ainsi à cause de l'insuffisance de ses dragages, le Havre, malgré son quai de marée et le

---

(1) Le "Titanic" avait un tirant d'eau de 11 m. 60.

(2) Ces calculs ont été établis en doublant le pied du pilote, c'est-à-dire en ajoutant 1 m. au tirant d'eau du navire. En effet, il résulte des observations de l'ingénieur américain M. Corthell, que les paquebots naviguant dans les chenaux d'accès calent davantage qu'en eau profonde, l'eau comprise entre le sol et le fond du navire étant expulsée par le mouvement (voir la brochure de M. Brindeau « le Havre et les transatlantiques » 1907).

parfait aménagement de sa gare maritime, soumet actuellement les passagers aux mêmes incommodités que Boulogne et Cherbourg.

Il est vrai que le creusement de la cote (— 7.50) du chenal extérieur et de l'avant-port est déjà entrepris. Ces dragages sont effectués en régie avec un matériel acquis par l'Administration. La dépense est évaluée à 5 millions (1) ainsi répartis :

Acquisition d'une drague............	1 000 000 fr.
Acquisition de deux porteurs à déblais	800 000 —
Dragage de 3 250 000 mètres cubes mesurés au bateau, à raison de 0 85 par mètre cube..................	2 762 500 —
Somme à valoir..................	437 500 —
Total..................	5 000 000 fr.

Malheureusement, cette cote (— 7.50), encore insuffisante pour un port transatlantique, ne sera obtenue que dans le courant de 1915.

Quand il s'est agi de passer de la cote (— 4.50) à la cote (— 6), le Ministre des Travaux publics a décidé, pour accélérer les travaux, d'en adjuger une partie; c'est un entrepreneur hollandais qui fut déclaré adjudicataire.

Aucune maison française n'avait déposé de soumission et il n'y a pas lieu de s'en étonner. En France, l'Administration des Ponts et Chaussées monopolise tous les travaux de dragages et quand, sur les instances du commerce maritime, las d'attendre la fin de travaux qui se prolongent sans cesse, on fait exceptionnellement appel aux entreprises privées, seules des maisons étrangères se présentent; c'est ainsi que l'approfondissement des accès du Havre a été, pour partie, l'œuvre d'une entreprise hollandaise, que les dragages de la Loire maritime ont été confiés à la « Tilbury Contracting and Dredging Cⁱᵉ Ltd et qu'on devra vraisemblablement recourir encore à des étrangers pour l'exécution des dragages de la Seine maritime.

Si, au contraire, les dragages étaient couramment exécutés en régie et à l'entreprise, on verrait des entrepreneurs français s'outiller en conséquence et devenir adjudicataires de ces travaux; le commerce maritime y gagnerait un approfondissement plus rapide des accès des ports.

____

(1) La moitié de la dépense sera supportée par la Chambre de Commerce du Havre.

En matière de dragages, New-York est le port régulateur et l'*Ambrose Channel* est actuellement dragué à 12 mètres. C'est cette profondeur qui doit être réalisée aux abords du Havre et dans son avant-port.

Or, si le service des Ponts et Chaussées est seul chargé de ces dragages — à moins que brusquement il ne change de méthode — cette profondeur nécessaire de 12 mètres ne sera atteinte qu'après un trop grand nombre d'années.

Il importe également au plus haut point à l'avenir du Havre que les taxes de pilotage qui y sont actuellement perçues soient revisées à bref délai.

En effet, ces taxes sont, pour les navires d'escale, principalement pour ceux qui procèdent exclusivement à des transbordements de passagers ou à des opérations peu importantes de marchandises, absolument prohibitives.

Le pilotage du Havre est régi, dans ses parties essentielles, par le décret du 12 décembre 1806 et par celui du 29 août 1854: c'est ce dernier décret qui a fixé les taxes de pilotage aujourd'hui appliquées (1).

Le tarif en vigueur est établi sur la jauge nette des navires; or, en 1854, la navigation était presque complètement exercée par des voiliers de faible tonnage qui sont aujourd'hui remplacés par des vapeurs d'une capacité souvent considérable.

D'où cette conséquence : les produits du pilotage ont augmenté dans une proportion énorme et grèvent lourdement la navigation; au contraire, le service des pilotes est devenu de moins en moins actif puisque le nombre des navires a plutôt diminué et que les mouvements des vapeurs se font beaucoup plus rapidement que ceux des navires à voiles.

Le tableau suivant est, à cet égard, particulièrement instructif :

Années	Nombre de Navires entrés			Tonnage de Jauge			Produits du pilotage obligatoire
	Vapeurs	Voiliers	Total	Vapeurs	Voiliers	Total	
1854	866	3 156	4 022	213 908	925 950	1139 948	356 160
1878	2 216	1 332	3 548	1398 969	621 015	2019 984	556 848
1895	2 177	312	2 489	2094 181	122 570	2216 751	627 200
1907	3 047	115	3 162	4123 572	72 637	4196 269	1027 389

(1) Pour exposer cette question de l'organisation du pilotage, nous avons fait les plus larges emprunts aux travaux de la Chambre de Commerce du Havre, notamment au remarquable rapport de M. Toutain (6 Septembre 1910).

En 1854, l'éclairage et le balisage des côtes étaient assurés d'une façon rudimentaire; aussi avait-on fait preuve de prudence en organisant le pilotage non seulement aux abords immédiats du port, mais encore à une plus grande distance; la perception d'une surtaxe, quand le pilote avait pris possession du navire plus ou moins loin en mer, était alors entièrement justifiée.

Aux termes de l'article 241 du décret de 1854, les navires continuent à payer un tiers d'augmentation s'ils sont abordés au-delà d'un rayon de 20 milles jusqu'à celui de 40 milles et ceux qui le sont au-delà d'un rayon de 40 milles, moitié en sus.

Cependant, de l'aveu de tous les armateurs, les zones de distance n'ont plus aujourd'hui de raison d'être; et comment pourrait-on le contester, puisque les navires à destination de Rouen, quelle que soit leur provenance, ne prennent de pilote qu'en rade du Havre?

Sur ce point capital, le règlement de 1854 doit être modifié : la suppression des zones de distance et des surtaxes onéreuses y afférentes s'impose d'autant plus que la mise en service, cette année, à 7 milles au nord-ouest du cap de la Hève, d'un bateau-feu doté d'un triple signal de brume aérien, sous-marin et hertzien facilite encore davantage l'atterrissage des navires.

Le matériel affecté au service du pilotage devrait être modernisé.

La Chambre de Commerce préconise la substitution aux 27 bateaux à voiles de deux bateaux à vapeur et d'une chaloupe à vapeur qui, dans *la limite de 9 milles* à partir du feu rouge de la digue Nord, assureraient l'embarquement des pilotes à bord des navires entrants et leur débarquement des navires sortants.

Il en résulterait de grandes économies dans le fonctionnement du service; grâce à ces économies, il serait possible, tout en réduisant les taxes, de faire bénéficier les pilotes de salaires égaux à la moyenne des gains actuels.

Avec l'organisation projetée, les pilotes, dont le nombre serait ramené de 48 à 36, ne se feraient plus concurrence les uns aux autres. Ils ne s'aventureraient plus, au péril de leur vie, sur leurs embarcations, jusqu'à l'entrée de la Manche, à la recherche de tel paquebot d'un tonnage particulièrement avantageux.

Soumis désormais au régime de la bourse commune, ils assureraient à tour de rôle leur service, aux abords du port, sous la direction de l'officier chef du pilotage; leur salaire varierait, suivant les classes, entre 12 000 et 18 000 francs par an et croîtraient avec le développement de la navigation.

Il y a de longues années que le commerce havrais demande la réforme du service du pilotage, et en mai 1911, le Directeur de l'Inscription maritime a transmis au Ministère du Commerce un projet de décret modifiant le règlement de 1854 dans le sens préconisé par la Chambre de Commerce.

Aucune décision n'a encore été prise par les autorités compétentes.

Aussi le quai de marée, inauguré en 1909, en présence du Président de la République et doté, depuis 1910, d'une gare maritime parfaitement aménagée, n'est-il encore utilisé que par les paquebots de la Compagnie Générale Transatlantique et il ne peut être affecté à un trafic régulier d'escales.

C'est, qu'en effet, un paquebot trans-atlantique jaugeant 6.000 tonnes de jauge nette paie, pour chaque escale, un pilotage de 1.583 fr. 40 au Havre de 1.050 francs à Cherbourg (1), et de 300 francs seulement à Boulogne (2).

De plus, si le paquebot venant au Havre veut choisir son pilote, il devra lui payer un traitement supplémentaire élevé.

Dans le courant de 1910, la Royal Mail, appréciant les avantages du quai de marée, décida de choisir désormais le Havre comme escale de ses paquebots de la ligne de La Plata (au départ de Southampton). Elle dut renoncer à son projet à cause des frais excessifs qui en résultaient. Or, voici les dépenses de son steamer « Amazon » au Havre (non compris le remorquage dû à une entreprise privée) :

Droit de quai (155 passagers)	77 50
Droits sanitaires	77 50
Péages de la Chambre de Commerce	415 50
Taxe de sauvetage	315 05

PILOTAGE

Entrée	1 247 25
Sortie	415 85
Pilote de choix	822 25
Une marée à bord	3 "
Billet du pilote pour Southampton	29 90
	2 518 25

Ce relevé n'a pas besoin d'être commenté; il prouve de façon péremptoire la nécessité de rajeunir le règlement du pilotage appliqué au Havre, de l'adapter aux besoins de la navigation moderne à l'exemple de ce qui a été fait dans les autres ports.

<hr>

(1) Décret du 23 Novembre 1907.
(2) Décret du 4 Mai 1899.

La Chambre de Commerce a apporté à ses taxes d'outillage des réductions considérables pour rendre aussi économique que possible l'usage de la gare maritime installée sur le quai de marée (1).

Elle est prête à consentir, au profit des navires qui fréquentent ce quai un abaissement sensible de ses taxes de péage et de sauvetage.

Mais tant que la question du pilotage ne sera pas résolue, tant que le Ministère du Commerce, saisi d'un projet de réforme, s'abstiendra d'y donner suite, considérant, semble-t-il, le règlement archaïque de 1854 comme intangible, il ne sera pas possible de faire du Havre un grand port d'escale, et les dépenses considérables qu'ont entraîné la construction et l'outillage du quai de marée resteront improductives.

CONCLUSION

En résumé, l'intérêt national exige que l'on attire les navires d'escale de préférence dans le port français de la Manche où leur passage répété est le plus susceptible de créer ou de développer des courants commerciaux dont notre armement maritime pourra ensuite profiter.

D'autre part, comme, en concentrant le trafic d'escale dans un seul port, on y provoquera un accroissement de perceptions (droits de quai, péages, etc.) et qu'on aura ainsi plus de facilités pour mettre ses installations à la hauteur des progrès de l'architecture navale, *l'intérêt national* exige encore que ces améliorations soient réalisées dans un port qui soit déjà port d'attache d'une fraction importante de la marine marchande nationale pour qu'elle soit la première à en bénéficier.

Or, non seulement, le Havre est particulièrement apte à la fonction de port d'escale (en raison de sa situation géographique, de sa proximité de Paris, de la sécurité de ses atterrissages, de la bonne installation de sa gare maritime), mais encore il est le seul port français de la Manche qui satisfasse aux conditions énoncées plus haut.

Mais deux obstacles empêchent *actuellement* les Compagnies étrangères de choisir Le Havre comme port d'escale :

a) L'insuffisante profondeur du chenal extérieur et de l'avant-port;

---

(1) Dans l'exemple cité plus haut (steamer "Amazon") aucune taxe d'outillage n'avait été perçue, la gare maritime n'était pas encore achevée.

b) Le taux prohibitif des taxes de pilotage.

Des mesures doivent être prises d'urgence pour faire disparaître ces deux obstacles.

Il faut également envisager, dès maintenant, en prévision du notable accroissement du mouvement maritime qui résulterait du passage des paquebots étrangers, les moyens d'augmenter le nombre des places à quai disponibles.

L'achèvement rapide des travaux déclarés d'utilité publique, par la loi du 11 février 1909, s'impose, mais le programme de 1909 (construction d'un vaste bassin de marée doté d'un quai de 1 000 mètres et d'une forme de radoub de 300 mètres) est, pour ainsi dire, schématique; il importe d'examiner sans retard comment il doit être complété pour que Le Havre puisse répondre, dans un avenir prochain et pour une longue période, à tous les besoins de la grande navigation transatlantique.

Pierre LAPORTE, *docteur en droit,*

Secrétaire adjoint de la Chambre de Commerce du Havre.

NOTE

SUR LA

CRÉATION D'UNE RADE-ABRI AU HAVRE

Par M. BOULLE

Ingénieur en Chef des Ponts et Chaussées

A diverses reprises, l'Association Française pour le développement des Travaux Publics, s'est occupée de l'importante question de la création d'une rade devant le plus grand port transatlantique français. Dans la séance générale du 28 avril 1911, le président de la 1ʳᵉ section, M. Maury, a montré qu'il y avait le plus grand intérêt à doter le Havre d'une rade abritée, et a donné sur ce point des arguments décisifs.

On sait, en effet, quel grand développement ont pris à l'heure actuelle les ports de commerce, par suite de l'accroissement du tonnage des navires; il n'est pas permis aux ports français de rester en arrière de ce mouvement, sous peine d'une déchéance complète. On a souvent rappelé combien avaient été longues et difficiles les études pour l'agrandissement du port du Havre, qui se sont terminées par le vote de la loi du 27 mai 1895. Cette loi dotait le Hävre d'un nouvel avant-port, d'une grande écluse pour accéder aux bassins, enfin d'un quai de marée pour grands navires. On sait aussi que ces travaux étaient loin d'être achevés lorsqu'ils furent reconnus insuffisants. Cette fois les études et les formalités administratives furent poussées aussi rapidement que possible, et la loi du 11 février 1909, a déclaré d'utilité publique la création d'un vaste bassin de marée, bordé de quais profonds bien outillés, et complété par de puissants moyens de carénage. L'emplacement de ce bassin a été heureusement choisi, son tracé est bien conçu. Mais on a gardé l'avant-port et son entrée, tels qu'ils avaient été prévus par la loi de 1895; les dimensions de ces ouvrages ne sont plus en rapport avec celles du futur bassin: de plus, le quai de marée actuel n'est pas suffisamment abrité pendant les mauvais temps.

Le seul remède à cette situation est la création d'une rade-abri devant le Havre. Cette rade a toujours été réclamée en vain par les marins du port. Les plus hautes autorités de la Marine militaire ont insisté à plusieurs reprises auprès des pouvoirs publics pour qu'en couvrant d'une digue les hauts fonds de la petite rade, on crée un port de refuge qui est considéré comme un port important au point de vue nautique et militaire.

L'Administration des Travaux publics s'est toujours montrée hostile en principe à tout endiguement à la Petite Rade. Les arguments qu'elle a donnés paraissaient décisifs lorsqu'on n'avait pas encore abordé le problème de l'estuaire de la Seine, et lorsque les ports de commerce n'avaient pas encore pris l'extension qu'on est obligé de leur donner actuellement. Depuis quelques années, la question a complètement changé de face. On est amené à faire dans les grands ports des dépenses considérables pour donner satisfaction aux besoins du commerce moderne. D'autre part, les digues de la Seine se prolongent dans l'estuaire et la digue nord se dirige sur la digue d'enceinte du nouveau bassin du Havre. Les ouvrages d'endiguement de la Petite Rade ne seraient donc plus que le prolongement de ceux construits dans l'estuaire pour l'amélioration du chenal de la Seine.

La nature a d'ailleurs préparé devant le Havre les assises de l'endiguement. Les parties les plus résistantes du sol sous-marin affouillé par les tempêtes ont fourni des hauts fonds qui limitent au large la Petite Rade. La main de l'homme n'a plus qu'à achever le travail en traçant des digues de telle sorte que tout danger de colmatage de la rade par les alluvions de l'estuaire soit écarté. Il n'est pas douteux que ce problème puisse être résolu sans difficulté, et c'est dans cette voie qu'il convient de prévoir l'extension de notre plus grand port de commerce sur l'Océan, pour le mettre en état de recevoir à toute heure de marée par tous les temps, les navires de tout tonnage. Ce n'est pas avec le modeste avant-port actuel qui a été conçu pour un tout autre but dans le programme des travaux de 1895, que le Havre pourra suffire au rôle qui lui est assigné, d'être notre grand port transatlantique. Il se trouverait bientôt en état d'infériorité, non seulement sur les ports étrangers, mais encore sur un certain nombre de ports français : Boulogne, Cherbourg. Brest, La Pallice, le Verdon, qui tous possèdent une rade abritée.

Si on objecte l'importance des dépenses qu'entraîne la construction de ces ouvrages, on peut répondre qu'on a bien trouvé les sommes nécessaires pour créer devant Boulogne une rade qui sera prochainement complétée et aménagée de la façon la plus heureuse. Dans son rapport d'avril 1911, M. Maury a cité l'exemple de l'Angleterre construisant devant Douvres des digues tout à fait analogues à celles qui sont demandées pour le Havre, et réalisant ainsi une rade en un point où la nature n'avait pas comme au Havre préparé les assises des ouvrages de protection par une ceinture de hauts-fonds qui en indique le tracé.

C'est pourquoi il nous a paru indispensable d'appeler l'attention des pouvoirs publics sur la nécessité d'établir dès maintenant pour nos grands ports, et notamment pour le Havre, un plan général d'extension qui tiendra compte très largement des besoins ultérieurs, et dont on n'exécuterait que les parties utiles au fur et à mesure des ressources disponibles.

On sait que des plans analogues existent pour un grand nombre de ports étrangers, notamment pour Londres, puis pour Anvers et Gênes, deux ports qui font aux ports français une concurrence redoutable.

Les plans adoptés remplissent cette double condition : satisfaire au développement pour ainsi dire indéfini du trafic, répondre aux exigences toujours croissantes de la navigation.

En présence de tels exemples, nous estimons qu'il convient de mettre à l'étude la question de la création d'une rade au Havre. La solution ne semble pas d'ailleurs très difficile à trouver; elle pourrait consister dans tous les travaux suivants : pratiquer dans l'élément le plus ouest de la digue d'enceinte du grand bassin en construction une ouverture d'environ 200 mètres; modifier le tracé des deux traverses séparant l'avant-port de la loi de 1909 du bassin de marée proprement dit, pour permettre d'entrer à la fois par l'avant-port actuel, et par la passe formée par l'ouverture dont il est question, plus haut: ce changement est d'autant plus facile qu'une décision ministérielle a ajourné l'exécution des deux traverses; enfin établir au large de la Petite Rade deux digues dont le tracé est indiqué sur le plan joint à cette note et qui abriteraient une vaste surface d'eau.

Telles sont les dispositions à prévoir pour donner, à l'établissement maritime du Havre une extension permettant de satisfaire aux besoins toujours croissants du commerce transatlantique. C'est dans cette voie, à notre avis, que doivent être orientés les projets de l'avenir.

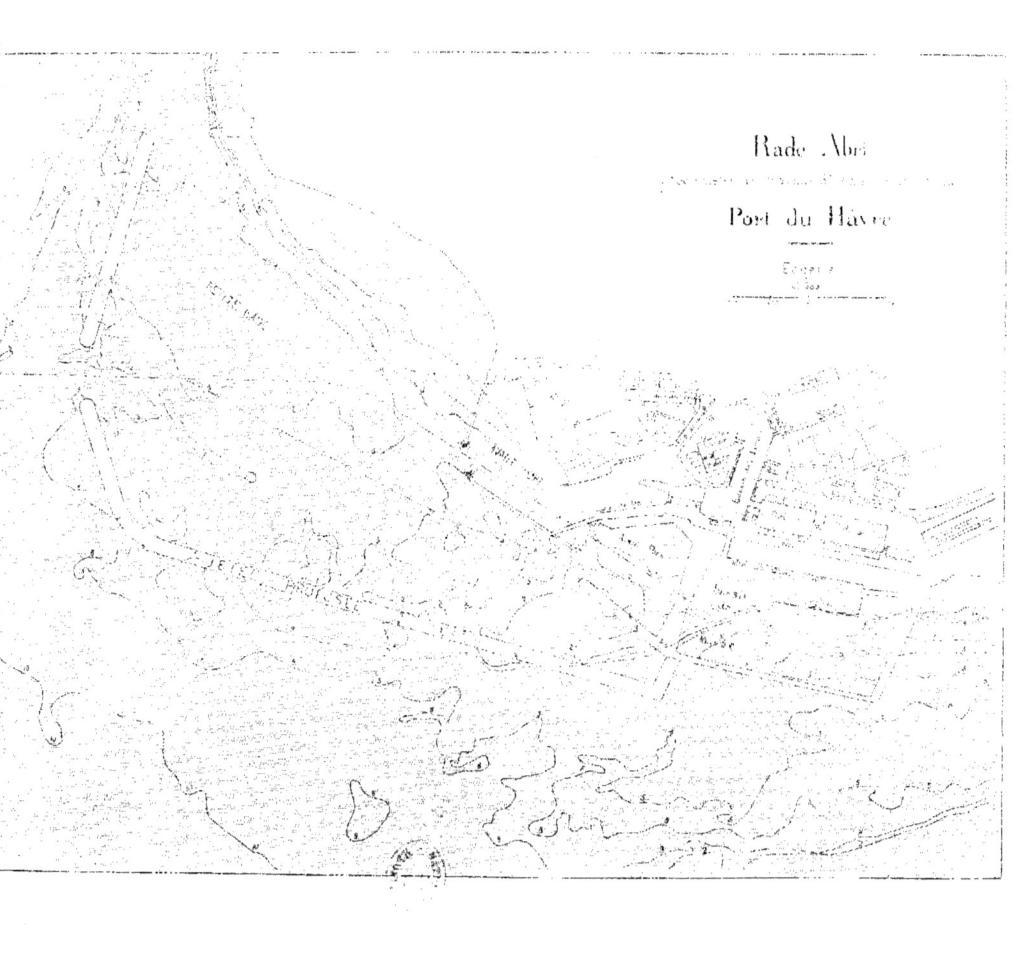

Rade Abri
Port du Havre
Échelle

NOTE SUR LE PORT DU HAVRE

Par M. GROSLOUS

Ingénieur en Chef Conseil de la Compagnie Générale Transatlantique

Toutes les Compagnies de navigation qui font le transport des passagers entre l'Europe et New-York ont été amenées peu à peu à augmenter les dimensions de leurs navires, la faveur du public étant de plus en plus acquise aux gros tonnages.

La Compagnie Générale Transatlantique est résolument entrée dans cette voie, mais elle s'est trouvée promptement arrêtée par les dimensions insuffisantes du port du Havre.

A l'heure actuelle, et pendant plusieurs années encore, il lui serait impossible de mettre en ligne des navires sensiblement plus grands que la « France », dont l'exploitation dans le port actuel du Havre présente déjà les plus grandes difficultés.

L'Etat s'est rendu compte de la nécessité de faire de son côté un très grand effort pour améliorer une si fâcheuse situation; et le projet d'agrandissement du port qui est actuellement en cours d'exécution est certainement de nature à donner satisfaction dans une large mesure, aux besoins de la Navigation tels que les comprend la Compagnie Transatlantique.

Le nouveau port qui sera un port à marée, comprend en effet un quai en eau profonde de 1 000 mètres de longueur et une forme de radoub de 350 mètres. Malheureusement, il faudra encore plusieurs années avant de pouvoir disposer, non pas de la totalité de ce port, mais d'une longueur de quai de 500 mètres, qui sera très juste suffisante pour les premiers besoins.

Il serait infiniment désirable que les travaux fussent poussés avec toute l'activité possible et qu'on n'attendît pas trop longtemps avant d'avoir la longueur totale de quai de 1000 mètres.

Si, d'autre part, on a prévu que le pied des murs serait à la cote-12, ce qui permettra l'accostage des très grands navires, par contre, cette cote ne sera obtenue que jusqu'à une certaine distance du quai et l'on ne disposera finalement que d'une sorte de cuvette d'où le navire ne pourrait sortir à toute heure de marée qu'à la condition que le reste du port, ainsi que tous ses accès soient creusés à la même cote-12.

Or, les prévisions de dragage sont loin de correspondre à cet objectif, et il est tout à fait nécessaire qu'à l'époque où le nouveau port pourra être utilisé, la profondeur de -12, soit partout obtenue. C'est seulement quand il en sera ainsi que la Compagnie Transatlantique pourra réaliser l'objectif qu'elle poursuit depuis si longtemps, assurer le départ de ses paquebots à heure fixe, comme cela a lieu actuellement à New-York.

Il est à peine besoin d'insister sur la grande commodité des départs à heure fixe pour les passagers. C'est un point auquel la Compagnie Transatlantique attache la plus grande importance.

I. GROSLOUS,

Ingénieur en Chef Conseil de la Cie G^{le} Transatlantique.